U0350891

一直向前看：

光学 ②

[加拿大] 克里斯 · 费里　著 / 绘　　刘志清　译

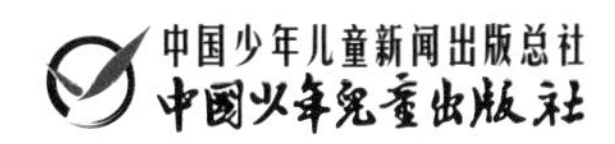

北　京

HERE COMES TROUBLE

作者简介

克里斯·费里，加拿大人。80 后，毕业于加拿大名校滑铁卢大学，取得数学物理学博士学位，研究方向为量子物理专业。读书期间，克里斯就在滑铁卢大学纳米技术研究所工作，毕业后先后在美国新墨西哥大学、澳大利亚悉尼大学和悉尼科技大学任教。至今，克里斯已经发表多篇有影响力的权威学术论文，多次代表所在学校参加国际学术会议并发表演讲，是当前越来越受人关注的量子物理学领域冉冉升起的学术新星。

同时，克里斯还是 4 个孩子的父亲，也是一名非常成功的少儿科普作家。2015 年 12 月，一张 Facebook（脸书）上的照片将克里斯·费里推向全球公众的视野。照片上，Facebook（脸书）创始人扎克伯格和妻子一起给刚出生没多久的女儿阅读克里斯·费里的一本物理绘本。这张照片共收获了全球上百万的赞，几万条留言和几万次的分享。这让克里斯·费里的书以及他自己都受到了前所未有的关注。

扎克伯格给女儿阅读的物理书，只是作者克里斯·费里的试水之作。2018 年，克里斯·费里开始专门为中国小朋友做物理科普。他与中国少年儿童新闻出版总社全面合作，为中国小朋友创作一套学习物理知识的绘本——“红袋鼠物理千千问”系列。

红袋鼠说："我用激光笔对着墙照射的时候，能在墙上看到一个光斑。但是我却看不到激光照射到墙上的过程，激光是怎么到达那里的呢？"

克里斯博士说:“激光也是一种光!它也是直线传播的。当室内有烟雾或灰尘时,是有可能看到激光束的。”

克里斯博士接着说:“但是在一间干净明亮的房间里，我们按下激光发射钮时，却看不见激光的光束，直到它照到墙上之后才能看见照射上去的光斑。”

红袋鼠疑惑地说:“我不明白。我们的眼睛能看见光，但是为什么看不见激光的光束呢？”

克里斯博士说:“别着急，听我慢慢说。表示光的传播方向和路径的直线称为光线。我们虽然大部分时候看不见激光束，但在画激光的时候，仍会把激光画成一条直线。”

红袋鼠说：“和画台灯的光线时一样，是直的。”

克里斯博士接着说:“而你只能看到直接进入你眼睛里的光。”

红袋鼠不解地问："那我看不到激光束，是因为激光束没有直接进入我的眼睛里？这是为什么呢？"

克里斯博士突然严肃地说："**永远不要让激光直接照进你的眼睛里！**激光是一种特殊的光，直接照到眼睛，会在视网膜上汇聚成一个很小但很亮的光斑，亮度比太阳还要强，会烧伤我们的视网膜，让我们的眼睛变盲！**所以，绝对不能用眼睛迎着激光看，任何时候都不可以。**"

克里斯博士又说："激光从激光发射器中发射出来以后，会沿直线传播到墙上。除非是撞到什么东西，否则它不会改变传播方向。"

红袋鼠说："所以，如果光线没有从墙上反射回来的话，它也就不会进入我的眼睛里了！"

克里斯博士说：“其实我们在漆黑的夜晚发射一束激光，通常可以隐约看到它的传播路径，也就是激光束，那是因为空气中有水蒸气和尘埃等物质，可以把激光散射进我们的眼睛。而白天阳光比较强，进入眼睛的散射光比较弱，就难以看见激光束了。”

克里斯博士接着说："你的眼睛就像是一台照相机。照相机能够捕捉透过镜头的光，眼睛也能够捕捉透过瞳孔的光。而你的大脑就像是一台装着处理软件的电脑，能够把光还原成图像。"

克里斯博士问：“看看镜子里的你自己，你能看见红袋鼠正在招手吗？是哪一只手在招手呢？”

红袋鼠看了之后，疑惑地说：“我正在挥右手，但是镜子里的我却在挥左手？这怎么可能呢？镜子后面为什么还有一只红袋鼠呢？”

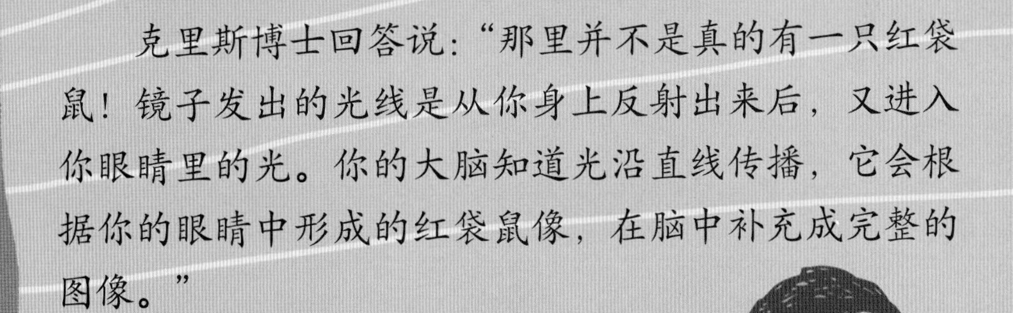

克里斯博士回答说：“那里并不是真的有一只红袋鼠！镜子发出的光线是从你身上反射出来后，又进入你眼睛里的光。你的大脑知道光沿直线传播，它会根据你的眼睛中形成的红袋鼠像，在脑中补充成完整的图像。”

红袋鼠惊讶地说：
“啊，原来大脑这么复杂呀！现在，我知道我得小心理解眼睛‘告诉’我的一切了！”
?

版权合作方： 澳大利亚米酷传媒

图书在版编目（CIP）数据

光学. 2，一直向前看 /（加）克里斯·费里著绘；刘志清译. — 北京：中国少年儿童出版社，2019.9
（红袋鼠物理千千问）
ISBN 978-7-5148-5532-6

Ⅰ. ①光… Ⅱ. ①克… ②刘… Ⅲ. ①光学一儿童读物 Ⅳ. ①043-49

中国版本图书馆CIP数据核字（2019）第124858号

HONGDAISHU WULI QIANQIANWEN
YIZHI XIANGQIAN KAN GUANGXUE 2

出版发行：中国少年儿童新闻出版总社 中国少年兒童出版社

出 版 人：孙 柱
执行出版人：张晓楠

策　　划：张　楠　　审　　读：林　栋　聂　冰
责任编辑：徐懿如　郭晓博　　封面设计：马　欣
美术编辑：姜　楠　　美术助理：杨　璇
责任印务：刘　潋　　责任校对：颜　轩

社　　址：北京市朝阳区建国门外大街丙12号　　邮政编码：100022
总 编 室：010-57526071　　传　　真：010-57526075
发 行 部：010-59344289
网　　址：www.ccppg.cn　　电子邮箱：zbs@ccppg.com.cn

印　　刷：北京利丰雅高长城印刷有限公司

开本：787mm×1092mm　1/20　　印张：2
2019年9月北京第1版　　2019年9月北京第1次印刷
字数：25千字　　印数：10000册

ISBN 978-7-5148-5532-6　　定价：25.00元

图书若有印装问题，请随时向本社印务部（010-57526183）退换。